U0902305

善待自己

你要相信好事总会来临

[韩] 裵成珪 著
梁丹 译

江苏人民出版社

图书在版编目（CIP）数据

善待自己．你要相信好事总会来临 /（韩）裵成珪著；梁丹译．-- 南京：江苏人民出版社，2019.6
ISBN 978-7-214-21608-3

Ⅰ．①善… Ⅱ．①裵… ②梁… Ⅲ．①幸福－通俗读物 Ⅳ．① B82-49

中国版本图书馆 CIP 数据核字 (2019) 第 038309 号

书　　名	善待自己　你要相信好事总会来临
著　　者	（韩）裵成珪
译　　者	梁丹
责任编辑	卞清波
装帧设计	凤凰含章
出版发行	江苏人民出版社
出版社地址	南京市湖南路 1 号 A 楼，邮编：210009
出版社网址	http://www.jspph.com
印　　刷	天津旭丰源印刷有限公司
开　　本	880 mm × 1230 mm　1/32
印　　张	8
字　　数	60 千字
版　　次	2019 年 6 月第 1 版　2019 年 6 月第 1 次印刷
标准书号	ISBN 978-7-214-21608-3
定　　价	49.80 元

（江苏人民出版社图书凡印装错误可向承印厂调换）

糯米汪特别的一天

糯米汪长得像糯米糕，雪白雪白的。它相信日复一日的平凡生活中也有闪光点——哪怕身处逆境。过去几年里，《糯米汪的一天》常常让我心潮澎湃。

因为，糯米汪与我本人非常相似。

我喜欢独处，谨小慎微，有选择性障碍，不喜欢别人注意我。我更喜欢咖啡店角落的位置，而非店中央。

我常听到别人说我长得像“汪星人”。有一天，我正在吃糯米糕，朋友对我说：“你看起来就像一只叼着糯米糕的小狗！”糯米汪因此诞生了。

糯米汪的主要活动场所是家里、大街上和咖啡店等我们几乎每天都会接触的地方。我想把平凡日子里那些被我们忽视的小事，用有趣的方式表达出来。

曾经，我看着电视里站在聚光灯下的人，还有 SNS（社交网络）上那些独特的生活照，感到很烦恼——为什么我不是那个特别的人呢？

然而，仔细思量，究竟有多少人能站在华丽的聚光灯下呢？其实并不多。而且，幸福也不是被人生中为数不多的几个特别的日子左右的——

幸福隐藏在日复一日、年复一年的平凡生活中。只要我们不放弃希望，努力找到日常生活中的那些闪光点，就能与幸福长伴。

一直以来，我都喜欢画画，但是入职后，工作代替了画画。我的兴趣和热情都在减退，好像连梦想都变成了泡沫，逐渐消散了。我无精打采，整天疲惫不堪。这时，我遇到了糯米汪。我玩闹着用铅笔在白纸上勾画它的样子。我曾想，把小时候在《史努比》《小淘气尼古拉》《凯文的幻虎世界》《小熊维尼》等漫画里感受到的温暖而怀旧的感觉，用日常生活中的故事表现出来。也许正因为如此，画着画着，那些我曾经认为平凡普通的日常生活，开始让我觉得是那么特别。为了画画，我回想着每一天经历的那些微小但愉悦的事情，而那些平凡普通的日子竟真的开始变得独特起来。

看到我的画，有人会说“这不是在说我吗”，每当这时，我都会想，也许糯米汪不仅仅是我的样子，也是读者们的样子。

我希望，读者朋友们也能发现生活中的闪光点。因为，有时候，与做大事相比，人生的幸福其实存于微小的事情中。

1

平凡而伟大的一天开始了

2

无精打采的午后，来杯咖啡吧

3

今天怎么这么美好啊

4

再说一次吧，我已等了太久

后记：守望幸福

共实，并不是每天都会有特别的事情发生。

所以，没必要用独特去包装平凡，

这么做没有太大的意义。

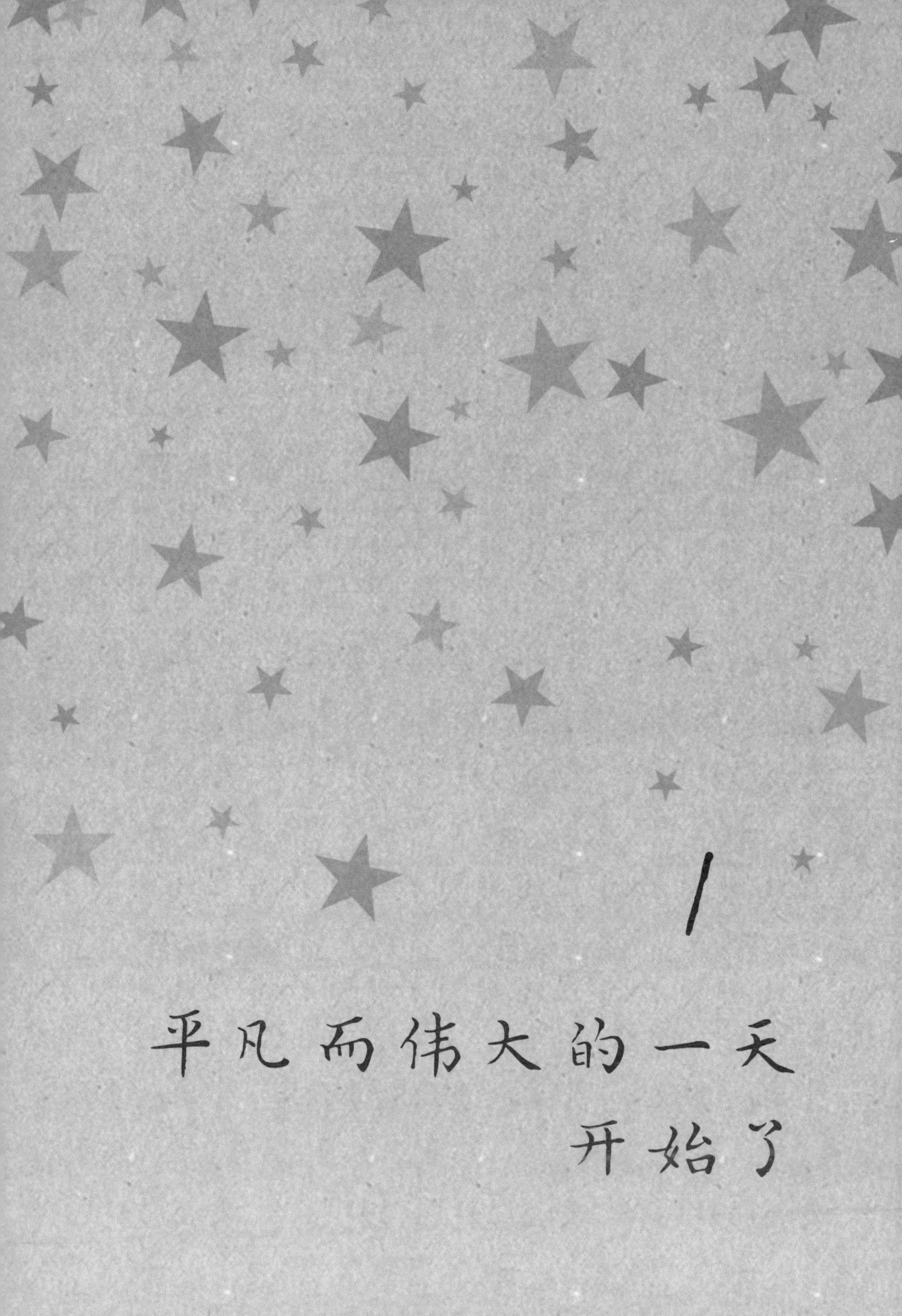

1

平凡而伟大的一天开始了

糯米汪的日常

好困啊！

现在也该习惯了，可是——

世界上的表，

永远比我的行动快一步。

DESIGN

DESIGN

和煦的阳光，
温暖的被窝，
我确认了一下时间，眼睛睁开一半，
又重新闭上了。

不想起床……
我想再睡一会儿……

闹钟又响了，像催命一样。
我这才想起，
昨晚睡前玩手机，凌晨两点才睡。
为什么，一到晚上就不想睡，一到早上就睡得那么香呢?
“我应该一躺下就赶紧睡觉来着”，
我每天反复地后悔，
反复地下定决心。

“让我再睡十分钟，不，五分钟，只要再睡一会儿就好了。”

今天和往常没什么区别，

我看着镜子里的自己。

我真的是，

普通到不能再普通了。

不论是外貌，

兴趣，

还是我的性格。

不知道从什么时候开始，
人们开始叫我糯米汪。

他们说我像小狗一样，
眼睛、嘴巴、鼻子都小小的，鼻梁矮矮的，
又说我的脸白白的、圆圆的、软软的，
像糯米糕。

我身型短小，
看上去毫无特色，一副软弱的样子，这让我感到很自卑。

其实，我……
不喜欢引人注意或抛头露面。
我在人群中，通常无足轻重，
不管在哪里，我都很容易被同化。
然而，独处让我感到更加舒服，
我会选择咖啡店角落里的位置，而不是中央，
我喜欢着窗外的景色或咖啡店里的人们，
安安静静地想事情。

其实，

并不是每天都会发生很特别的事。

所以，没必要用独特包装平凡，

这么做没有太大的意义。

然而，

人生最有趣的地方就在于，

平凡的生活里，
总有闪闪发光的地方。

有些意外，
会照亮人生。

也许，

它们就隐藏在我们的生活中。

每一个平凡的一天，

在这一天结束前，

没人知道结局。

RAW STUFF
公交车站
RAW
STUFF

又一次，
上班的脚步如此沉重

今天，和往常一样，
我又一次迈着沉重的脚步，
乘坐公交和地铁，来到了办公室。

雪绿茶

坐到座位上，我要做的第一件事就是，
打开电脑电源，盯着屏幕看。
“看什么？光是盯着电脑屏幕，就够伤脑筋的了！”
一想到我要整天坐在这儿，
就会头疼。
上班时间，除了要一直盯着屏幕，
还要看领导的脸色。
书桌一角的文件堆得高高的，像一成不变的风景，
我不想动，因为已经麻木了。

小时候，我曾有过的那些梦想，
那么多的梦想，都去了哪里？

不知道从什么时候开始，我的梦想不再是要成为什么，
而变成了一些具体的数字：
房子平米数、年薪多寡、银行存款……
慢慢地，梦想变得模糊不清。
“梦想又不能拿来当饭吃……”
我开始费尽心思地回避梦想，就这样，生活开始变得百无聊赖。
我似乎无须努力，日子就这么一天天地过着。

我突然想到，
我的工作，也许会成为别人的，
我因此感到不安、焦虑。

我感到自卑，
我觉得无力，
年纪越来越大，却一事无成。
我不知道该怎么办，
进退两难，
梦想则渐行渐远。

LION ESPRESS
LION ESPRESSO
LION ESPRESSO

生活日复一日，
别人也一样，我似乎应该安心。然而，
这样的生活让我感到厌倦。
我不断地问自己：
“我走的是那条应该走的路吗？”
我会想，也许我一直坚持的这条路是错的，
也许我得返回重新选择，
但光是想一想，脑袋都会嗡嗡作响。
“不管怎么说，曾经，我的人生还是有很多选择的。”
我这才发现，
自己已经到了回忆过去的年纪。
人们常说“那时候真好”，
不知道这句话的意思是不是，
“人生最好的时候，已经留在了过去。”

那明天呢？
就不能一边怀念过去的美好一边继续生活吗？
此刻，我正怀念过去。
但也许当下，
正是我10年后想要重温的“过去”。

一部 100 分钟的电影，开始的 10 分钟很有趣。
然而如果剩下的 90 分钟都无聊至极，
光想着前面 10 分钟的内容，
我们能说这部电影很不错吗？

有趣的场景是什么时候开始的？
什么时候会有好事发生？
不能就这么等着啊，
可是该怎么办呢？

我想了想,

突然觉得不管是什么,都要先行动再说!

那就从我最喜欢的事情和最吸引我的地方开始吧!

我想跳出让人疲倦、深感无力的生活，
能在独特的一天中，
闪闪发光。

和喜欢的人开心地聊聊，
闻闻下雨前天空中的泥土香，
想想10分钟后就会到达的快递，
洗完澡钻进柔软暖和的被子，
深夜里，点一盏灯，来一杯冰咖啡！

找寻一下，
隐藏在一天24小时里的那些幸福瞬间。

换个角度看世界，
你会感觉，
每一天，幸福会从你身边走过数十遍。
包括当下！

不愿做的事，
且等明天再说。

明天有事可做，
这本身就很有意义，不是吗？

POCKY

歌里的歌词，书里的句子，电影里的场景，
都可能在讲某个人的故事。
我们不能发现这个事实，
也许是因为我们没有给自己留下回首往事的机会。

现在的生活，也许就是自己曾经勾勒过的未来。
所有人都期盼自己的生活更加光鲜亮丽，
但我们没有必要因为当下的事而失望甚至绝望。
只要有坚持到底的勇气，就一定能到达梦想的彼岸。
当然，少一些壮志凌云带来的负担，
先把握和享受当下更为合适！

我们可以回忆过去，
但今天不会重来，
趁着明天还未来，
享受现在！

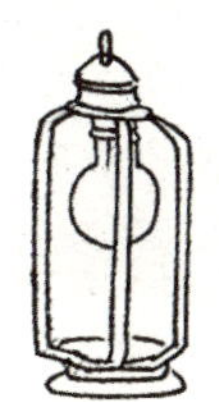

鸡毛蒜皮的小事

某个星期六的12点半。
往常，只要想着得出门，
不知道为什么就想再躺下，
把约会取消，卧倒在床上。
可是今天，太阳从西边出来了，
我想要出去散步，找个有气氛的咖啡店，
晒晒太阳，喝杯咖啡。

"好久没有出门了，应该和朋友一起放松一下。"

“昨天我们领导讲了个新笑话，但是太无聊了。不笑怕他会生气，我勉强笑了，结果还是被训了。”

“你也好不了多少！你讲的笑话也很没劲，经常听得我犯困。”

有一个能坦诚相待的朋友，
可以不看对方眼色畅所欲言，
实在是一件很舒服的事情。

不论聊什么，都不用费心去笑；
不用麻烦地翻腾衣柜，花很长时间修饰仪容；
不用解释现在的心情好或坏；
不用讲自己的成长历程，最近做了些什么；
不用解释遇到了怎样的人，两个人是否还在一起；
不用一字一句解释过往；
始终意气相投，永远有说不完的话。
对，就是这样的朋友。

略懂咖啡的男子
COFFEE & ESPRESSO

我们领导讲的笑话太无聊了，我还必须勉强自己笑，心累。
你也好不了多少。

“喂？”

“在干吗？在睡觉吗？”

“什么情况啊，这个时间你给我打电话，发生什么事了？”

“没什么，我昨天分手了。”

“你这人……挺好的，反正迟早要分，与其恋恋不舍，不如快刀斩乱麻。你可不要再抹鼻子掉眼泪了！”

“你以为拍电影呢？谁会哭啊！我一身轻松，好得很！”

“好了，别一个人闷着了，出来喝一杯吧！”

有时候，比起甜甜蜜蜜的恋人，
我们更想叫个朋友出来，
舒舒服服地喝顿酒，
聊一些鸡毛蒜皮的事情。

心里舒服点儿了没?
昨天你跟谁打电话了,
打那么久?
你在说什么啊?
我打电话?
我能给谁打电
话啊?
不是一直在跟
你喝酒吗?

上午11:03
56%
全部
未接来电
前女友
昨天
前女友
昨天
前女友
昨天
前女友
昨天
前女友
昨天
最近通话
联系人
拨号键盘

“你都干什么了啊？你给前女友打电话了？

“都已经结束了，你能不能别这样！

“昨天还在装，真的是在拍电影吗，哈哈哈……

“我不管了，你自己看着办吧，我先走了。”

我这才清清楚楚地想起了昨天的通话内容。

“我是——真的——喜欢你——

“你能不能再回到我身边——”

如果时间能倒流，就好了。

唉……

旧时面包

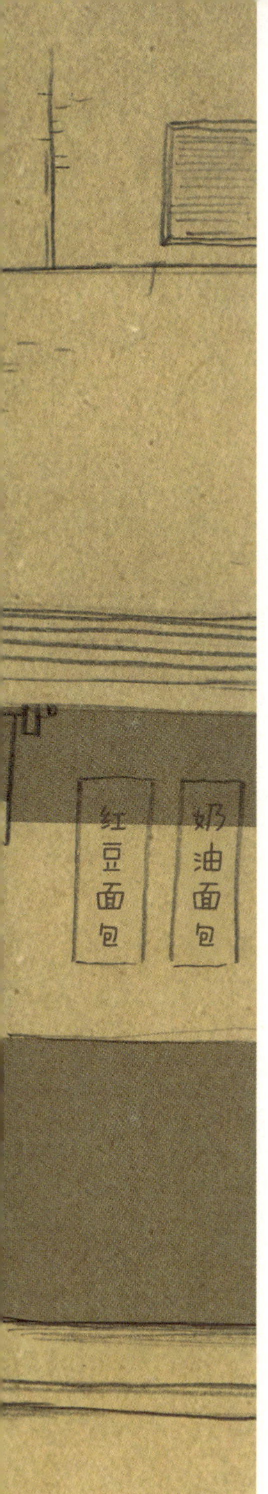

奶奶的红豆面包

离我家不远处，

有个奶奶，

独自经营着一家很古老的红豆面包店。

奶奶说，她是年轻时嫁到这家面包店的，

已经烤了将近 30 年的红豆面包。

不经意间，我路过这家店，
看到了奶奶烤面包的样子。
30 年的岁月里，她用文火煮红豆，
慢慢地翻搅，然后和面，
现在，她已经能熟练地用老旧的烤箱烤面包。

每当想吃甜食的时候，
我总会在回家的路上走进这家店，
推开门，

总有甜甜的面包香迎接我，
就像春天盛开的、烂漫的樱花。

红豆面包圆乎乎的，上面有几个点，
看起来一副憨憨的样子。
每次看到它，我都觉得“原来你跟我长得一样啊”，
因此倍感安慰。
咬一口下去，嘴里会突然跳出一颗红豆，
不冷不热的温度，真是刚刚好，
总能让我的心温暖起来。

食用油
面粉

“奶奶，您烤了30年的面包了，现在是不是闭着眼睛都会烤了？”

“烤了30年，也有没烤熟的时候，有时候还会烤糊。
“人生不也一样嘛，到了70岁也还是会遇到不懂的事情啊！”

“我也是头一回做70岁的人哪！”

不管是过去还是现在，奶奶一直在这里，
奶奶的青春没有被30年的岁月带走，
现在依然闪烁着淡淡的光芒。

旧时面包

我的内心如此安详，
我喜欢这样的东西。
生活没必要一定得华丽，甚至星光熠熠。
在当下，我们生活着的地方，
即使今天没有什么特别之处，
每个人也有活下去的意义。
今天对所有人而言都是“第一次”，
明天是无数个“今天”组合成的，
生活在继续，
我们还有时间怀揣梦想。

新的生活、新的相遇、新的关系，
隐藏在其中的未知多么美好！

我们只要用尽全力，
享受人生这趟美好的旅程，就可以了。

世上最疼我的那个人

我的妈妈，
特别勤快。

兄妹六个，妈妈最小。
因为家庭困难，
妈妈从小就很会照顾人，
她几乎承担了所有的家务。
因为一直忙于家务，
妈妈没有及时学会写字，
这件事一直埋藏在她心里。
她怕别人因此笑话她的孩子，
默默做了很多努力。

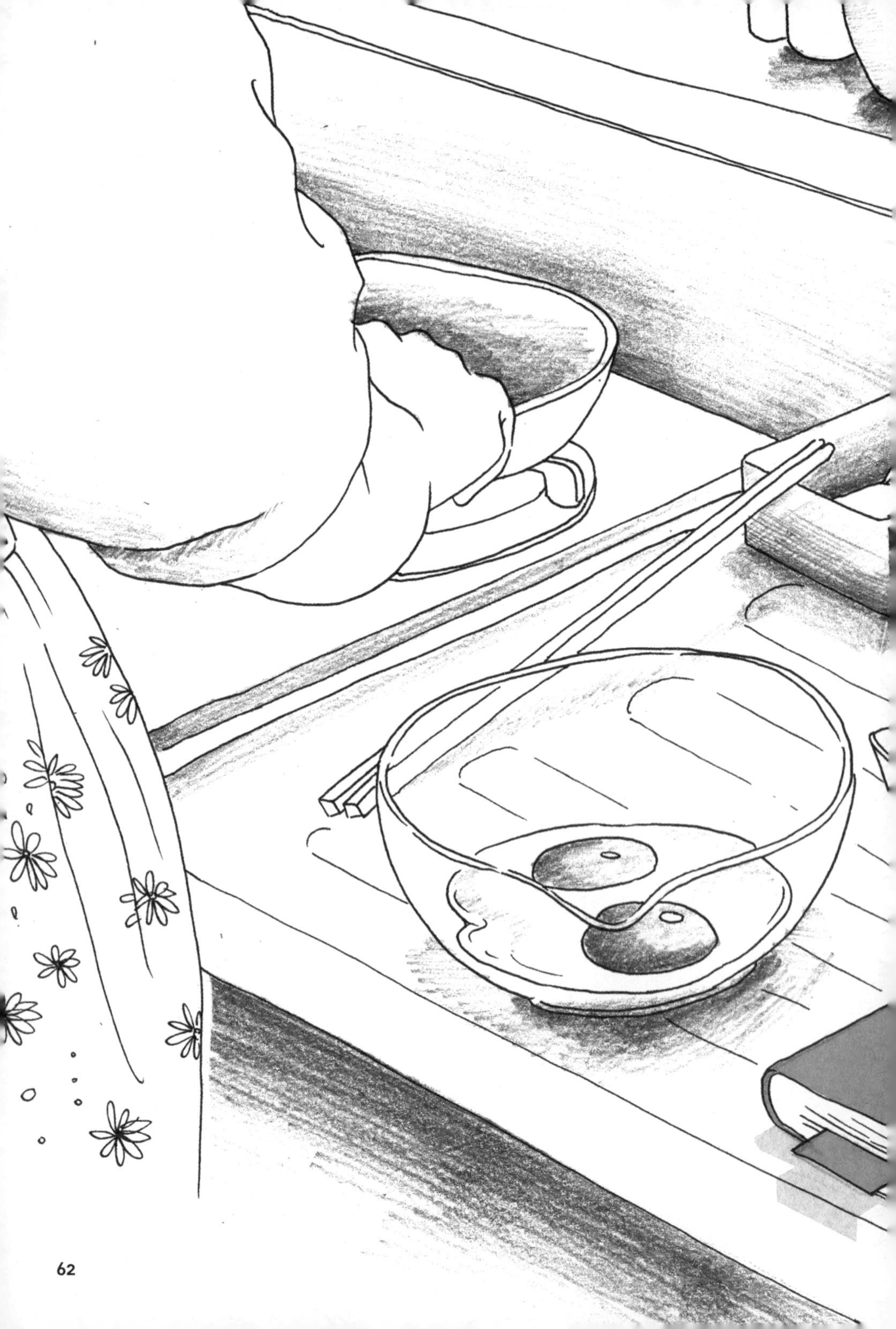

烤肉
达喜达
鸡汁
橄榄油
每日
牛奶
MONAMI

年过半百的妈妈成了大龄学生，
开始一点一点地学习写字，
只要有空，妈妈手里就会握着笔。

妈妈认真起来的样子，
和平时做家务、看电视的样子截然
不同，
甚至，
让我觉得有一点陌生。

妈妈总是带着笔记本和笔，
不管是做饭、打扫，还是喝咖啡，
甚至是看电视，睡觉前，
都不停地在笔记本上写着什么。

有一天，
妈妈出门了，
我无意间看到了她放在客厅桌上的笔记本，
突然感到很好奇。

那里面写了什么呢？
我呆呆地盯着笔记本看了好一会儿，
最终还是打开了它。

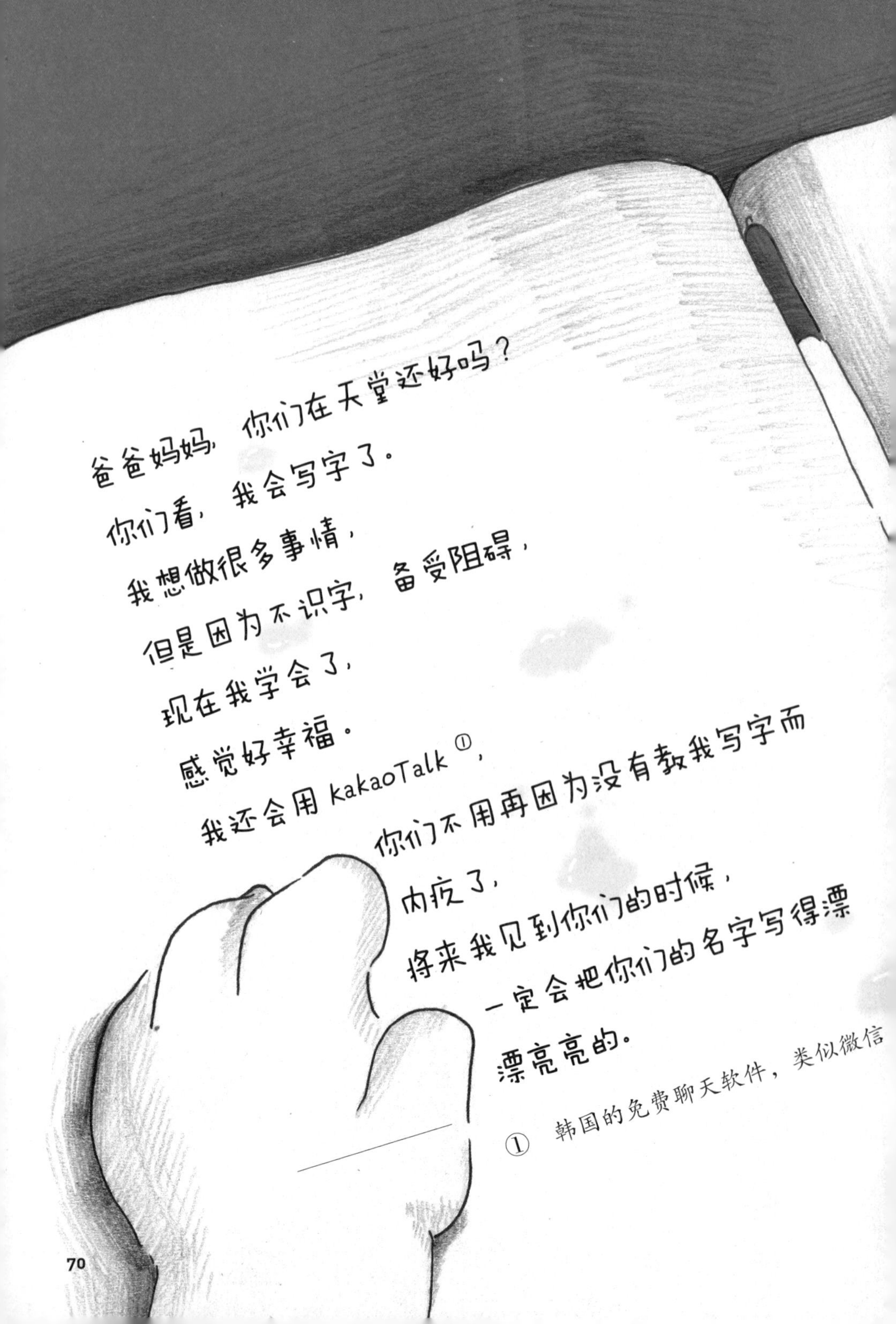

① 韩国的免费聊天软件，类似微信

我最近觉得自己开始老了，
可我不会伤心，
花儿总会凋谢，
人都会老去。
我要尽情享受，我人生中灿烂的每一天。

爸爸妈妈，我好想你们。

妈妈在信里笑得像少女一样明朗，
像秋天盛开在街边的波斯菊。
精练的文章，
内容并不令人惊奇，
但歪歪扭扭、朴实无华的字里行间，
包含了她漫长的一生，
那些为了生活辛苦度过的日日夜夜，
令她激动而满足，
虽然有些晚，但她迎来了人生的花季，
可以怀揣梦想继续前进。

对我而言，
那么平凡而理所当然的事情，
于妈妈而言，
却是幸福和快乐。

亲亲肠
沙拉酱
薄煎饼
Kloy

爱在零下18度

小时候，我总喜欢开冰箱门。
嘴馋的时候，玩到口渴跑回家的时候，
和朋友吵了架想吃东西的时候，
甚至没有任何理由，
都想打开冰箱看看。

我们家的冰箱从来都是满满的，
黄色光线照射下的食物，就像一双温暖的手，

轻轻地拥抱着我，
让我卸下当下的疲惫，
释放内心的情绪。

爸爸妈妈是双职工，所以再大一点，
我放学回到家，家里空无一人。
一进玄关， 我就会觉得家里冷冷清清的。

但是，只要打开冰箱，
就永远能感受到，
妈妈温暖的爱。

冰箱里放了，
你喜欢的辣椒鸡块。
你的成绩单，
我会对你爸爸保密的。
但是，给我把书包找回来！

时光飞逝，我长大成人。

有一天，我打开冰箱，

看到了妈妈放在里面的
遥控器。

我的心好疼。
我长大的同时，
妈妈也在变老。

那些美好的时光，
会随着时间流逝而渐渐远去。
我把遥控器放回原位，悄悄看了下妈妈的脸庞，
那是一张饱含了岁月沧桑的脸。

多么希望我还没有长大。

活在当下

有些事，下定决心要做，
却因为错过时机而变成了不可能。
有些东西，因为我们跑得太快还没来得及看就已经错过。
而有些东西，我们留恋着不舍丢弃，放在抽屉深处。
所有的依依不舍都会随着时间的流逝，消失在记忆深处。
可是不知何故，我有些伤心。
比起留恋过去，我更愿意活在当下，
有些人看到别人超过自己，会焦急万分，
而有些人则气定神闲、从容不迫。
与其责备自己缓慢的步伐，
不如慢慢迈着步子，品味每一个当下。

你会发现，
世界上的万事万物都有它们存在的理由。

心若在，梦就在

天气晴好，夜空中的星星清晰明朗，
看着夜空，心总会飘向远方，
藏在深处的儿时记忆就会浮上心头。
那种感觉，熟悉又陌生，我受到深深的吸引，
沉浸其中、难以自拔。
我努力回想着，
想要找回某些瞬间，比如，儿时出现过的梦想。
可是，成长的路上，为了快速适应这个世界，
或者为了变成适应环境的成年人，
我把梦想和回忆这些沉重的东西都丢掉了。

我鼓励自己“现在做得很好”，
但又感觉非常郁闷，
那些珍贵的儿时记忆正渐渐消失，再难寻觅。

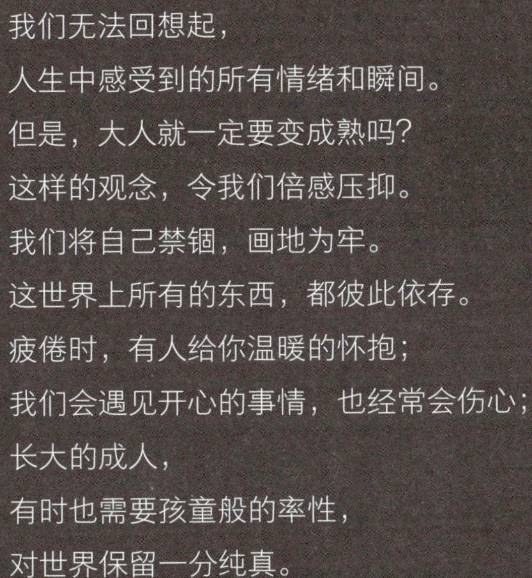

我们无法回想起，
人生中感受到的所有情绪和瞬间。
但是，大人就一定要变成熟吗？
这样的观念，令我们倍感压抑。
我们将自己禁锢，画地为牢。
这世界上所有的东西，都彼此依存。
疲倦时，有人给你温暖的怀抱；
我们会遇见开心的事情，也经常会伤心；
长大的成人，
有时也需要孩童般的率性，
对世界保留一分纯真。

我觉得，我曾珍视的那些瞬间，
都变成了星辰，与我遥遥相望。
我就这样变成了大人……

每天的“咖啡时刻”，

让我暂时放下一切，释放情绪，

这算不算无聊生活中小小的调剂呢？

2

无精打采的午后，来杯咖啡吧

一杯咖啡，一缕阳光

午后，

沐浴在温暖的阳光里。

准备好饼干和漫画书，

再来一杯香气扑鼻的咖啡！

椰奶蜂蜜

微风轻拂，

任它在耳畔轻撩。

沉醉在这无精打采的午后，

任思绪飞扬，做个美梦。

上古世纪
椰奶蜂蜜

被遗忘的幸福

那一天，不知为何，
心一直怦怦地跳。

天空中绵软的云彩，
聚集在窗边。
太阳眯着眼睛，
悄悄地钻了出来。

清晨的街道一片幽静，
弥漫着安宁的气息，
我是这家早餐咖啡店的第一个客人。

我站在前台，翻看菜单，
莫名其妙地，感受到了幸福。

音乐缓缓流动，
沐浴在温暖的阳光里，
遇见的一切都能被理解。
CROSLEY

AM
FM
MHz
KHz

不论是昨天的遗憾，
还是对今天的期待。

明天是未知的，
享受当下吧，
它不会再来。

此刻，我正和温暖的拿铁、甜甜的面包圈在一起，
享受着甜美时刻。

思想的温度

你看，落叶。

这落叶也不知道哪天才能扫完。

怎么啦 我觉得走在落叶纷纷的路上，很浪漫啊！

啊，我想吃辣
酱炸鸡。
我想吃原味炸鸡。
大麦粒
小麦粒

秋末的一天，

我和朋友坐在公园长椅上悠闲地看落叶。

朋友说：“这落叶也不知道哪天才能扫完啊？”

我回嘴：“我觉得走在落叶纷纷的路上，很浪漫啊！”

落叶对某些人而言可能意味着虚无，

但对另一些人来说代表浪漫，

甚至一些人觉得落叶是温暖的回忆。

这是因为，

我们每个人的思想，

都有自己的温度。

掠过指尖的温度，

浸透心灵的温度，

为什么和从前不一样了呢？

PAPER
DESIGN
Z
Z
Z

周末"单身狗"

等待已久的周末来了。
一个难得的、不用闹铃的安静早晨，
先睡个够，再开始这一天。
这是我的习惯。

AM 10 : 30

“现在几点了？”

“今天没有约会……”

欧耶！我可以轻松待在一个人的世界里。

AM 10 : 56

可是想想又觉得：“大周末的，我是不是应该出门透透气？”

刚冒出这个念头，外面就刮起了冷风……

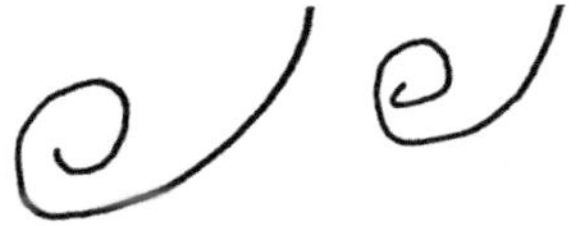

巧克
力球
草莓

AM 12 : 50

“好饿啊……”

先吃点东西再说吧!

PM 02 : 29

好无聊

PM 04：14

“不然……叫别人来家里？叫不叫呢？”

还是出门去？去不去呢？

要不给朋友打个电话？打不打呢？

我开始后悔了，

犹豫着。

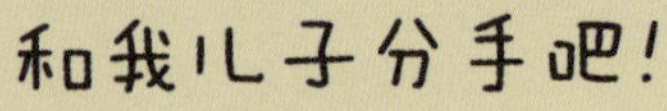
和我儿子分手吧!

PM 05 : 36

唉，算了算了。

本来今天就是打算悠闲自在、

无聊乏味地度过我的空闲时间的。

像周末这样的大好时光，

我还是自己一个人一点一点地过

比较好。

都已经吃掉一半了……

PM 07 : 05

有炸鸡，有啤酒的周末晚餐，

幸亏没有出去！

CHICKEN
Kloud

PM 09 : 12

一整天窝在家里，会不会太过分了……

咳……自己一个人待着，不都是这样嘛！

兄弟苏打水

AM 12 : 30
我最喜欢一个人待着。

估计，
今年的圣诞节，
我还是一个人。

JINGLE BELL
JINGLE BELL ROCK
似曾相识……

咖啡王子1号店

本来，我是喝不了咖啡的，不，是不喜欢喝。
世界上有那么多香甜好喝的东西，为什么一定要喝咖啡?
我甚至不理解，
人们为什么会花钱买一杯极苦的美式咖啡喝。
但是，大概在 2007 年夏天的时候，
一部叫《咖啡王子 1 号店》的电视剧上映了，
这部剧大受欢迎，咖啡也顺势风靡起来。
它开始悄悄走进我们的生活，
咖啡不单单是一种饮料，
还代表一段心情愉悦的闲暇时光。
二十岁时，我第一次喝无糖美式咖啡，
愁眉苦脸，记忆简直糟透了，
而现在，我会跟着朋友去环境好的咖啡店，
喝那些连名字都叫不上来的苦咖啡。

我正慢慢、慢慢地，
在咖啡和弥漫着咖啡香的空间里，
沉醉。

当我蓬头垢面地开始一天工作的时候，
当我吃完午饭的时候，
当我下午感到疲倦的时候，
当我结束了忙碌的一天工作的时候，
甚至就在此刻，
我画画的桌旁，都放着一杯咖啡。

喝一杯咖啡，
给自己一份从容，让自己获得片刻喘息，
这未尝不是平淡生活中的点滴幸福。
所以，想到咖啡的苦味儿就愁眉苦脸的我，
现在也开始熟悉这个味道，并深深陷了进去，
似乎已经爱上了它。

"果然，咖啡因会让人上瘾！"

SAT

春天、爱情，以及樱花

春风里，樱花漫天飞舞，
悠闲的下午两点，
我漫无目的地走着，
来到公园里。
人们衣着轻便，
各自欣赏着春日景色。

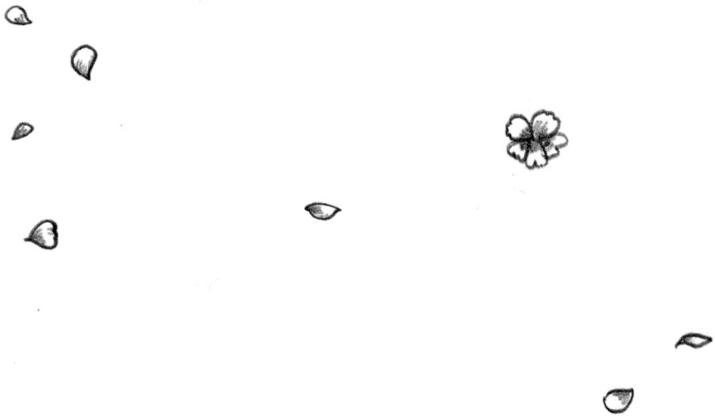

人们跑来跑去，
观赏纷纷扬扬的樱花雨。
我看到一对老年夫妇，
他们手牵手，走得特别慢。
我的心莫名温暖，甚至激动起来。

爱情是什么？
我的人生会变成什么样子？

悠闲的午后时光，没什么背景音乐，
这对老年夫妇你一言我一语地聊着家常。
他们幸福的表情里，
藏着对彼此的爱，
毫无掩饰。

樱花树下，他们紧紧牵手，
看起来是那么美。
将来，等我走到人生暮年时，
也能享受到这样的时刻吗？

莫比乌斯带[①]

春天，樱花节，

满大街都是情侣。

---

① 拓扑学和几何学模型。这里比喻心情的反复起落。

夏天，三伏天，

一不小心就会中暑。

秋天，正是秋高气爽的好时节，

一颗心会莫名地飘起来。

冬天，寒风阵阵，

出门会被冻个半死。

草莓酱

心知肚明，为什么还要那么做呢？

总是反反复复地，

下一些毫无意义的决心，

紧接着再放弃。

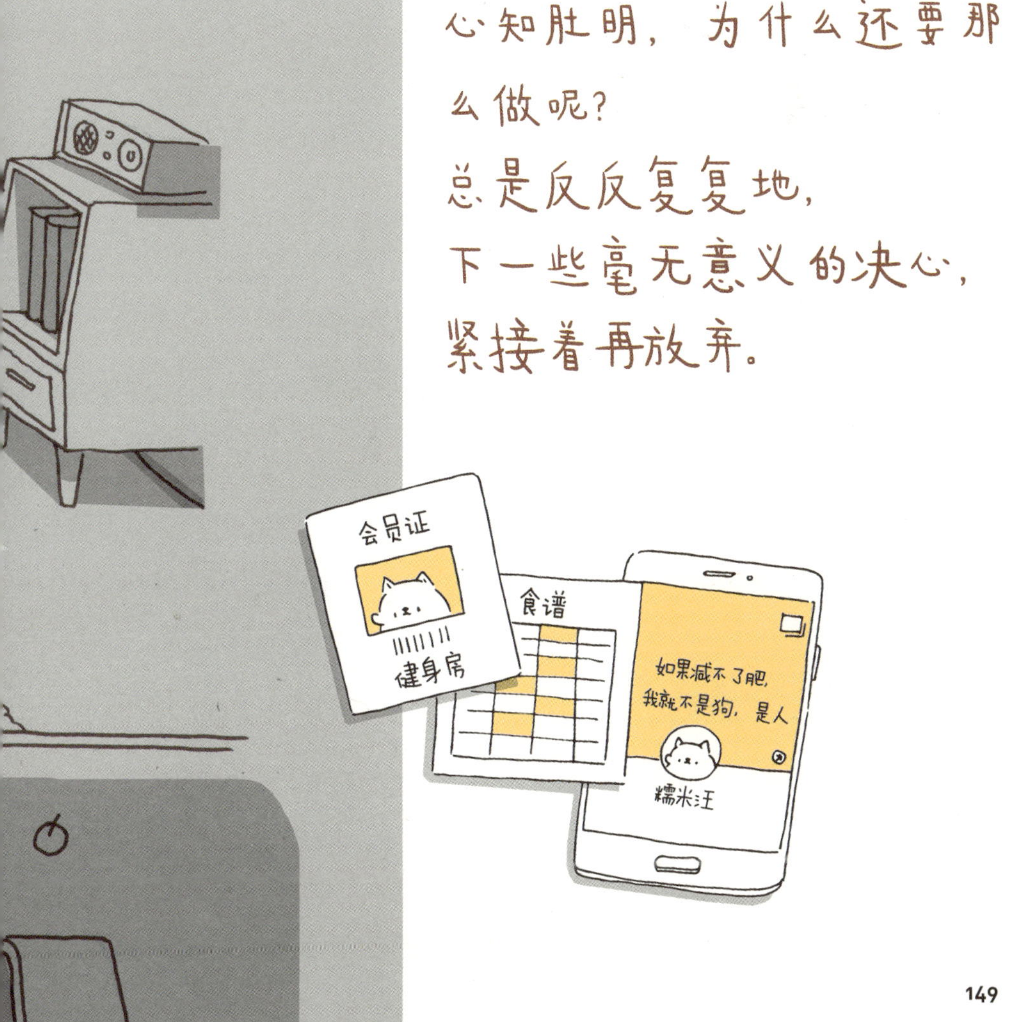

DESIGN

怎么还不到下班时间啊

“表怎么不走呢？”
原本上班以后的时间和下班以后的时间，
是符合重力和加速度法则的。
你希望时间走得快一些，它反而像抹了强力胶一样，
紧紧粘在那儿，牢固得很。
你希望时间停住，它反而像坐了超高速电梯似的，
一眨眼间“叮”一声晃过。
所以，上班的时候，再怎么盯着钟表看，
它的指针都跟之前没什么区别。
据说，58% 的上班族每天最多的想法就是：“好想下班啊！”
另外，上班时最郁闷的一个时刻就是，
即使工作已经做完了，
还要看领导眼色，假装在工作。
“我为什么要在这儿看别人眼色呢？可按时下班是不是哪里有点儿不对啊？”

果然，有很多人跟我的想法一样。

准备完成
收藏夹
Home
音乐
视频
辞职信
自我介绍
简历

上班一天，
那些闪现过数百遍的想法。

我想辞职。

午饭吃什么好呢?

下了班做点什么事呢?

什么时候提交休假申请好呢?

今天绝对不要再看领导眼色决定什么时候下班了！

我还常常想象，自己递辞职信的样子：

我一定要把信精彩地、潇洒地递到折磨我的领导手里。

“心里这个舒畅啊！”

我以为，只要我下定决心，

就做好了离开的准备，然而，

真正去做的时候还是有点难。

维他
700

星期一，“周末后遗症”还在继续；

星期二，距离周末还有四天，太遥远了；

星期三，才周三啊，太受打击了；

星期四，再忍一天就到周末了，心潮澎湃；

星期五，再坚持几个小时就解放了，满满的希望。

我一直紧紧地盯着钟表看，
它还是那么慢腾腾地挪动着步伐。
今天的时间好像被冻住了。

有时我也会想："如果能得到别人温暖的安慰会不会好一些？"

可又觉得跟谁都说不明白，

很多时候只能自己扛着。

3

今天
怎么这么美好啊

爸爸

他永远都是一副冷冰冰的样子，

越想走近，越难靠近，

然而，他就像一棵大树，

任何时候都可以让人倚靠。

爸爸真的是个很难亲近的人。

您回来了。
嗯。

很多时候，我离他很近，
但是依然觉得好远。
您吃饭了吗？
嗯。
外面很冷吧？
嗯。
妈妈说她晚一点回来。
怎么啦？

我出去一下。
嗯。

我稍微长大一点以后，
爸爸就变成了特别难亲近，
让我觉得很疏远的人。

三振出局！
呵呵。

但是，
我回来了。

是啊，
我儿子说
他出书了，
呵呵。

爸爸依然还在那里。
我的意思是他一直在我身后。
难道，是我变了，
而不是爸爸变了？
是啊！
我什么也没做，
都是他自己做
得好，呵呵。

不知道从什么时候开始，
我觉得跟爸爸拉手会很奇怪，
不知道从什么时候开始，
只有我们两人在家的时候，
聊天通常不会超过五句话。
我和爸爸的关系变得很尴尬，
我还曾因此悄悄躲进房间，
只是为了不跟他说话。
其实，爸爸只是不太会表达。

他一直默默地，
在我们身后，为我们加油。

妈妈

妈妈是让我感觉最舒服的人，
所以我总是冲她发脾气，
然而，回头想想，
她是最让我感到抱歉和思念的人。

妈妈的唠叨是家常便饭。她总是没完没了地唠叨。

哎呀，是不是要下雨了？我的腿怎么这么酸疼？赶紧出来吃饭啦！

牛奶
牛奶
盖子
盖子
乌冬
乌冬
去逛超市的时候也一样。

家里不是还有没吃完的吗，赶紧放回去，真是的！都吃不完，还总往回买！

买新衣服的时候也一样。

你的衣柜里那么多衣服，够你穿了，你还总在买，干脆开个服装店好了！我真是没法活了！

尽管如此，我也有不讨厌妈妈唠叨的理由。

那就是，

妈妈的唠叨让我长大。
妈妈
吃饭没？
想吃什么？
我做了好吃的给你，等我！

她总是一味付出，
她这一生都在为子女而活，
但比任何人都觉得幸福；
想到她，
总让我心疼。

她就是我的妈妈。

请回答，我的青春

往事一去不返。

时光流逝，一晃而过。

这些我们都懂，但总有时会想念过去的自己。

因为，旧时光，

有浪漫的梦和曾经的爱。

弟弟，如果
你能听见，
回应我一下
好吗？

人们习惯了说青春“很美”，
大概也是因为这个原因。
青春，已经消逝在了那个最耀眼的，再也回不来的时刻。
爸爸的青春，是中年家长，承受着生活的重担；
妈妈的青春，为了子女而活。
而那些曾与我一起玩耍的，怀揣梦想的朋友的青春，
被时间追赶着，稀里糊涂地过了一天又一天。

我们都曾有过青春，绚烂如花、光芒四射。
像《周六周六我是歌手》《请回答，1988》一样，
人们之所以想念往日时光，
也许正是因为我们最闪耀的青春留在了那里，
而现在的我们并不是曾经梦想中的样子。

我还没来得及做最后的告别，
它就已一去不返，
我要跟它说一声迟到的“再见”。

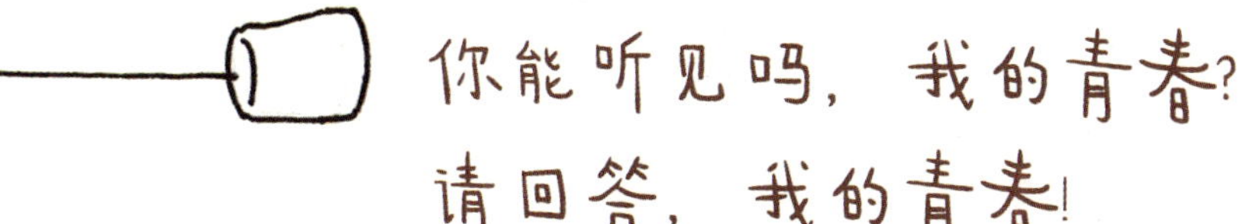

活着

现在好点了吧?

•••

下午9:05
85%
信息
工资已正常存入。

欧耶！
明天购物去！

有时候，我们的身体像被掏空了，
感觉心咕咚一下沉了下去，全身发软、郁郁寡欢，
做什么都没心思。

“不是说，因为痛，所以是青春吗？有多痛，就有多成熟。”
“所有人都是这样生活的，大家都累啊！”
“自己选择的路，跪着也要走完！”

内心空虚时，与其把朋友叫来寻求安慰，
或者勉强做什么来填补内心，
倒不如：

去安静的咖啡店里点一杯咖啡，
去电影院里看一场午夜电影，
在发工资后盯着增长的银行卡余额……

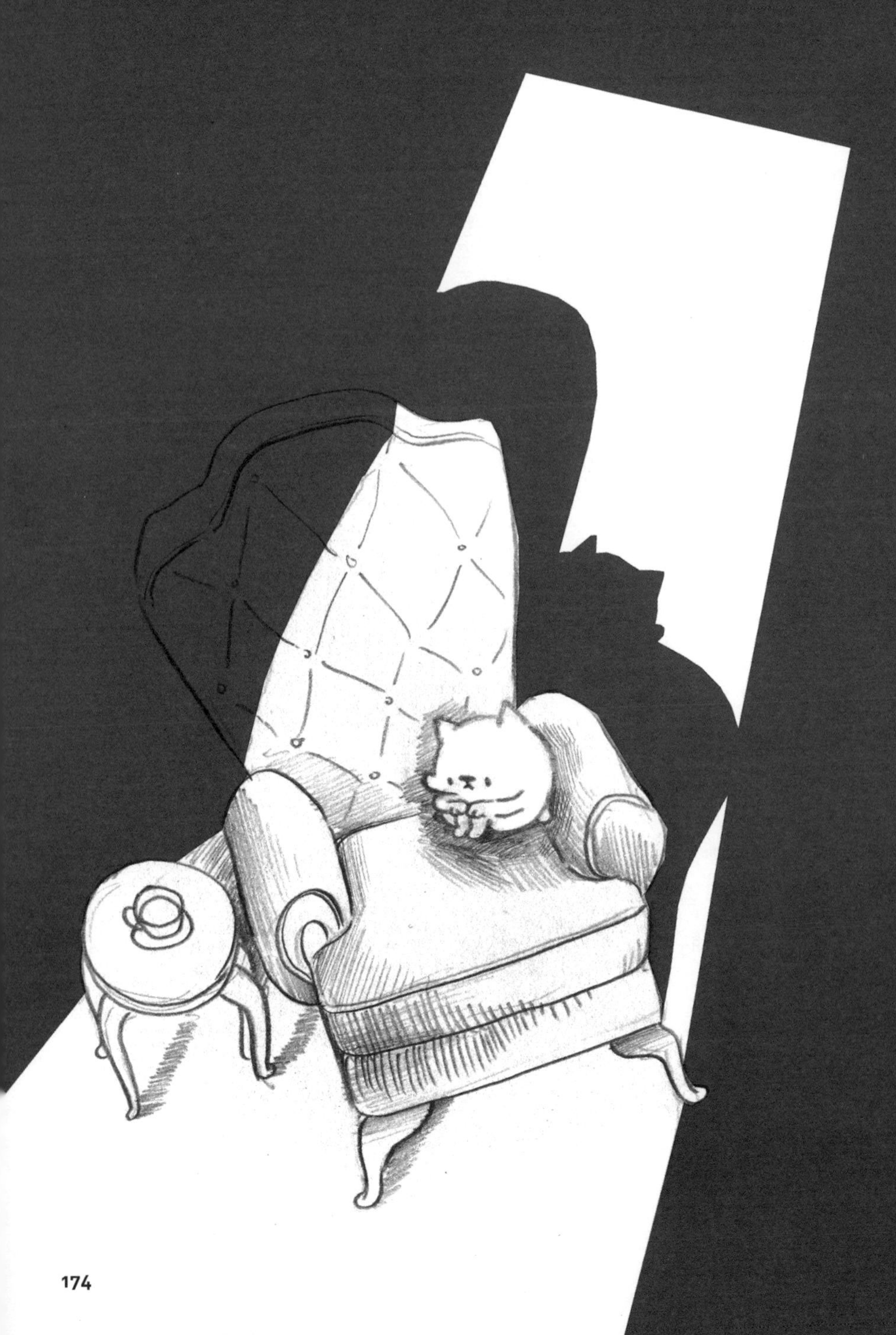

孤独自在

有时，我会想一个人安静地待着，不被任何人影响。
响个不停的手机让我心烦，
周围人的关心也无缘由地让我感到负担，
于是，我锁上门，窝在家里。
可又觉得有点孤单，好像还有些想念人们的关心。
我轻轻打开门，看向外面，
只看到了黑漆漆的客厅和空荡荡的沙发，心里更加郁闷。
突然间思绪万千，
想着“睡一会儿就好点了”，
我躺到了床上，但睡不着；
我关掉灯，躺在黑漆漆的房间里，
安静地任思绪飞扬。
我打开手机，仔细看着聊天软件上在线的人，
也许此时有人像我一样，
夜不能寐，翻看通讯录。
我自言自语，得不到任何回应。
我老了吗？还是我终于长大成人了？
不知道这样的情绪从何而来？
夜晚，我独自一人，哭了。

烧酒

月夜，窗前

我喜欢这样的夜晚。

漆黑的夜晚，周围的一切都安静下来，
我常常独自享受这漫长的月夜。

想想过去的人，
回味一下那些曾经美好的记忆。

在这样无眠的，
极其漫长的夜晚。

今晚的星星亮极了，
月亮已经睡去，夜有点孤寂。

我独自看着窗外，
如果眼前的景色和那些褪色的记忆，
一起随风而去，
我那小小的梦想也会一起消逝吧！

我，
又在自言自语了。

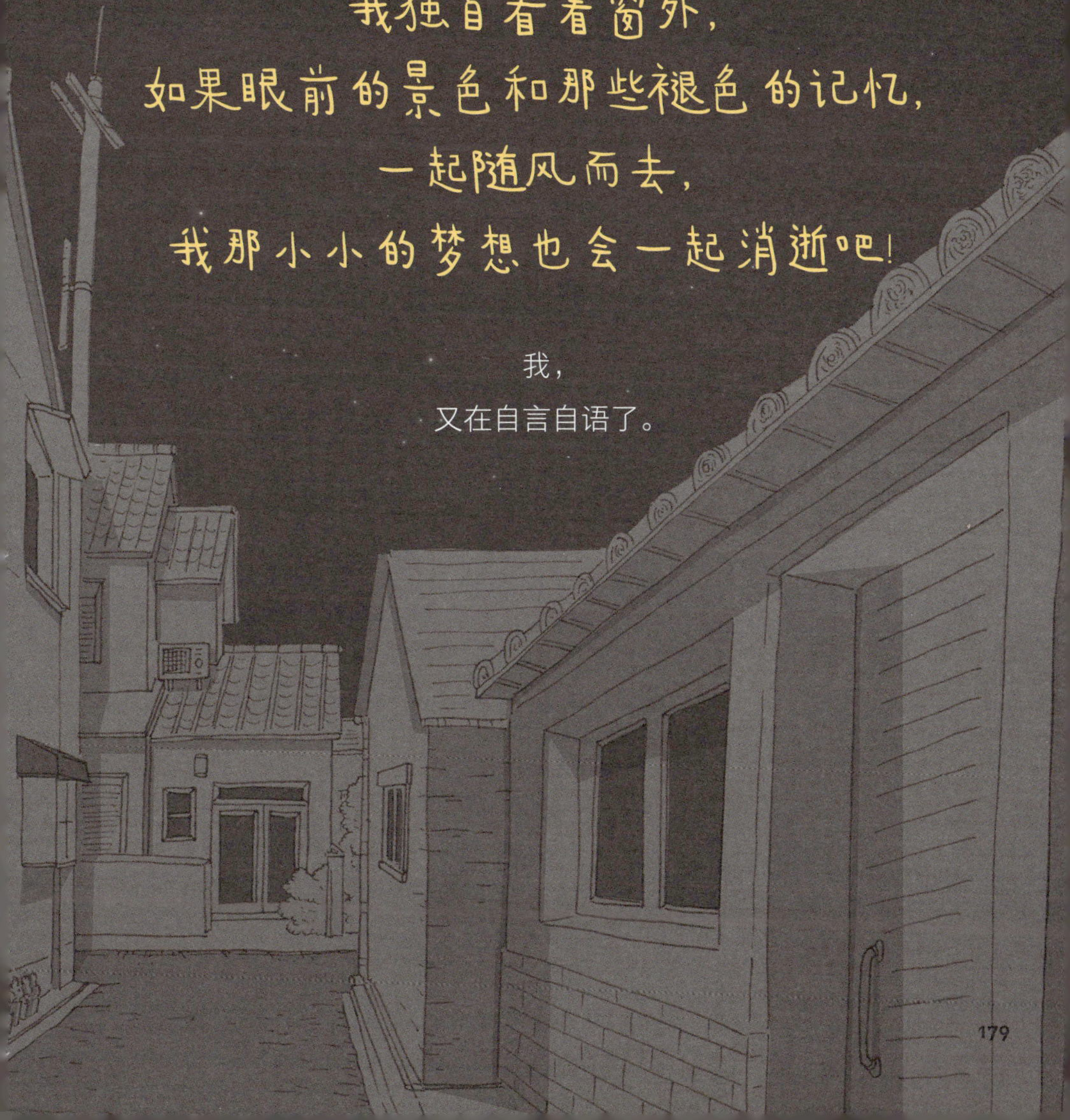

当今天结束以后

忙忙碌碌中，
漫长的一天也接近尾声。
我像往常一样无精打采，

穿过被夜幕笼罩的小区，
回到了我想念的家。

身体一下子瘫软下来，
心却变得平静了，
我那么想念那些甜甜的零食，
此时此刻，我拥有自己选择的一切。

Welcome
Back

房间里的音响流淌出音乐，
月光像知悉一切，
在这样的夜晚，与音乐一起缓缓蔓延。

过了今晚，新的一天又将开始。
我放空自己，伴着月色聆听爵士乐，
习习晚风中，配上一杯啤酒来为这一天画上句号，
这实在是再好不过。
这一刻，我不知道等待了多久，
多么希望时间能停一下脚步，
或者能走得稍微慢一点，再慢一点。

你累了吧？
没关系，谁都会有这样的一天。
你做得挺好的，继续加油吧！

月光暖暖地洒在我的肩膀上。

回忆是什么?
不过是回顾过往所有的经历。

日复一日,
年复一年,
把日子过得更加独特，更有意义,

这不就是人生吗?
所以，我觉得今天真的挺好的!

一天结束了,
我想对疲倦的自己说,

你今天辛苦了,
明天继续加油呀!

希望这个低沉的声音,
能给你带来小小的安慰。

选择焦虑症

生活中，我们会遇到很多选择，需要做很多决定。

有时，我们站在选择的分岔口，迈不开脚步，痛苦万分。

别人眼中的小小烦恼，在我看来很大，
与烦恼本身相比，这种思虑让我感觉更累。
尤其是，当别人用一种我没主见的眼光看待我时，
我会不自觉地变得畏畏缩缩。
反复几次后，我陷入一种更难以抉择的恶性循环。
从“选择困难”“抉择障碍”等词的出现看，
像我一样缺乏决断力的人不在少数。
“为什么我这么没主见？这么缺乏决断力？”
不要责怪自己，试着想，自己只是更加谨慎而已。
今天对谁而言都是第一次，做选择也一样，
昨天和今天的选择会产生不同的结果。
所以，在做抉择时，我更加慎重。
我是那种会思前想后一整夜的人，
即使别人认为事情琐碎，觉得我不可理喻，
那也没办法。
有果断的人，就有我这种谨小慎微的人。
倒不是因为考虑得时间越久，所做选择就越正确，
而是因为，深思熟虑之后，会少一些后悔。
有时我会感到困惑，
究竟是我被赋予了选择的权利，
还是我在被迫做出选择。

MENU

咖啡店里，
我看到密密麻麻的菜单，一下子蒙了。
“现在的咖啡为什么会有这么多种类呢？”
如果只有几样，选择起来也简单一些。
像我这样的人，感觉像在参加考试。

“请问您要点什么呢？”
“稍等一下！额……该喝什么呢……”
“您慢慢选！”
（1 分钟后）
“我能先为后面的顾客下单吗？”
“啊？哦，可以……”

从咖啡店出来，我去购物，顺便散散心。
我嘟囔着，去年买的衣服也很漂亮啊，
但是为什么每年都有这么多让人喜欢的衣服呢？
当我看到一件喜欢的衣服时，我停下了脚步。
一定要试一下！
于是我遇到了新的难题。

“我更适合哪个颜色呢？白色？黑色？”
“您皮肤白，穿白色更好看！”
“是吗？我觉得黑色好像也不错……好纠结……”

我喜欢黑色，可是听了店员的话，
最终买了白色的。
因为店员紧锁的眉头好像在说：
“这有什么好纠结的？快点决定吧！”

SIMPLE

回家前，我拿着纠结了半天才买下来的衣服，去了趟理发店。

“您想要什么发型呢？”
“啊？稍等一下……嗯……您觉得我适合什么样的呢？”
“最近比较流行这种发型。XX 演员就是这个发型。”
“适合我吗？”
“嗯，我觉得挺适合的！就选这个发型吧！”

我点头了。
理完发以后，我看着镜中的自己……
“这哪里像 XX 明星，明明是锅盖……”
“我就知道会这样，早知道就只按原样修一下好了。”

我思前想后，想要做出更好的选择，然而，不管多么慎重，实际结果往往差不多。

让我每次都犹豫不决的理由，
也许是“害怕失败”。
失败是成功之母，如果选择令人不满意，
就当成教训，下一次自然会进步。
有时候，凭直觉做出的选择也能带来好结果。
我很清楚这一点，却做不到，我该怎么办？

获得滑雪卡!
×2
双倍! 再来一次!
I'm fine!
重新出发
BACK
到达
FINISH

但是，如果你因为选择而痛苦，
不如先做选择，以后再去想结果，
即使这样做会不完美。

因为，选择总意味着放弃。
不论结果如何，
对我而言，在我长长的纠结过程中，
事情是处于停滞状态的。

选择的岔路口，是没有正确答案的。
就像我们无法断定，
生活会走向哪一条路一样。

我爱蓝天白云，也爱雨后泥土的清香。

不知为何，我今天想在雨后湿润的地上走走，

于是，我走进了下过雨的巷子里。

4

再说一次吧，我已等了太久

花瓣占卜

你明白我的心意吗?
我不知道该怎么办。
我想装作若无其事，但就是隐藏不住。
你昨天明明对我笑了，
那是什么意思呢? 我快要好奇死了。

一片花瓣，也许这就是爱情?
两片花瓣，要不要说呢?
三片花瓣，你知道我的心意吗?

唉，烦死了!
我觉得，
我的心都要跳出来了。

你能听到我的心吗

只有你不知道的故事。

芬芳的香味掠过鼻尖，
好像耳边的窃窃私语。
我的心渐渐温暖。
每天都要想你好几遍，
我的心在微微颤动，
而这样的情况，已经持续了很久。

最初，我是多么希望，
你能明白我的心意，哪怕一点点也好。
可现在，我又害怕被你发现，太紧张了。

“如果我的一见倾心没能换来你的温柔相待，该怎么办？”
这样的想法让我心绪不宁。

你能听到我的心吗?

如果能，给我一点暗示好吗？

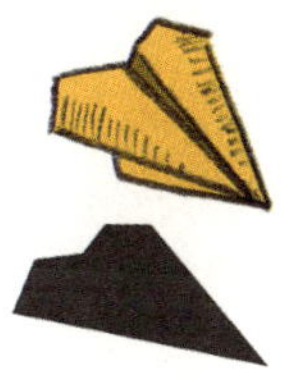

你的意义

害羞时，你的脸颊会泛起一片绯红。
你的眼眸闪闪发亮，透着一抹令人沉醉的褐色；
你的头发又顺又直，乌黑亮丽；
你的手指纤细，指尖涂着红色的指甲油；
你从我身边走过，我像是受到了清爽的月桂树香气的洗礼。

你的身姿、手势，甚至一个眼神，
对我而言都无比重要。
你一定没有察觉，每一天，

我都在追随你的身影！

再说一次

“我喜欢你！”

你说什么？
这真的吗？
你不是在骗我吧？

这句话，我等了太久了。
你刚才说的话，能再说一次吗？
我想听你再说一百次、一千次！
此时此刻，我就像在做梦。
我想再听你说……

还有，
我也喜欢你！

问候

好久不见！
真好啊，
你看起来过得不错呢！

对不起，
我还是没能忘记你。

一定要多保重。
不过，
要是你也会想起我，那就更好了。

Instagram
happiness
1小时
点赞38个
happiness 当下的幸福

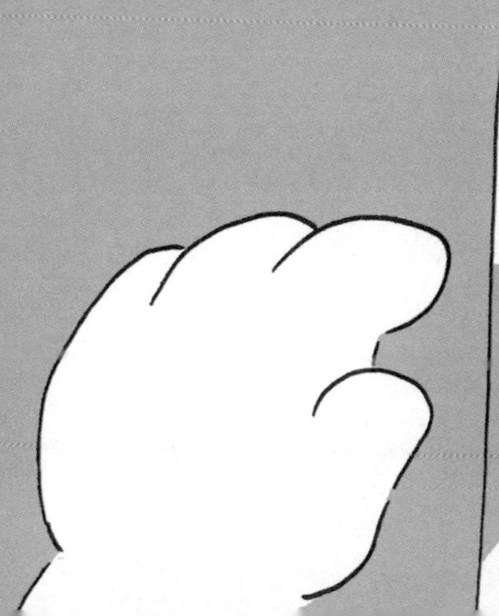

MARION CREPE
PATISSER
LE PETIT
NICOLAS
LE PETIT NICOLAS
Sampe

我心中的雨

那天，从早晨就开始下雨，
一夜之后，
雨水悄悄地浸润了整个世界。

整整一天，
世界都笼罩在雨雾中。

这样的雨天，
我总是呆呆地坐在窗前，
听雨声。

因为，
那时，也是这样的一个
下雨天，
我第一次见到你的那天。

2014
12
SUN

米
刚出炉的
米培根

我爱蓝天白云，

也爱雨后泥土的清香。

不知为何，

我今天想在雨后湿润的地上走走，

于是，我走进了下过雨的巷子里。

懂咖啡的男子
COFFEE & ESPRESSO
麦馨咖啡
CAFE
肉汤乌冬
凉面
猪扒
盖饭
套餐
肉乌冬

乌冬面
专营店
乌冬面
专营店
COFFEE

甜甜圈
Dunkin' Donuts
甜甜圈与咖啡

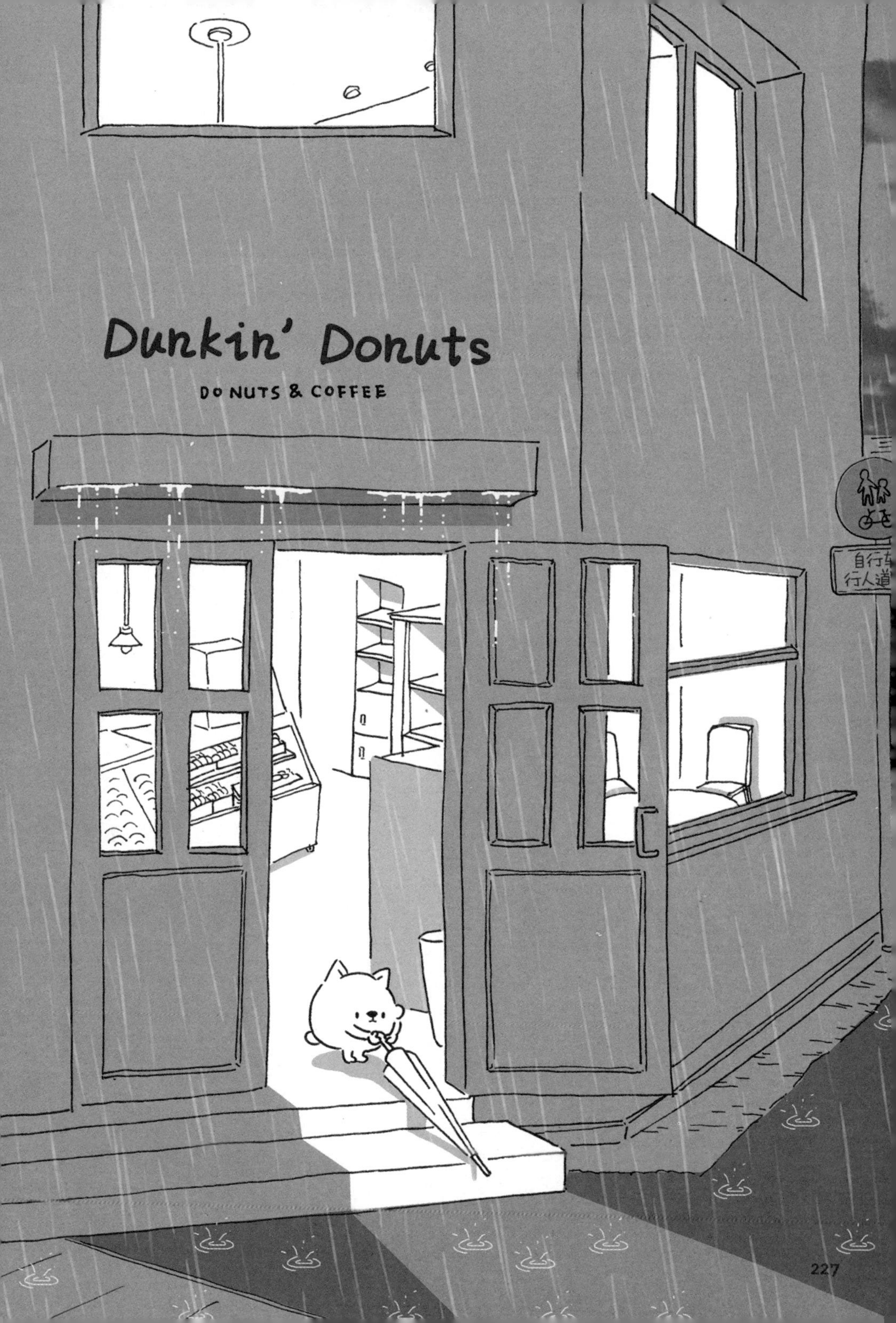
Dunkin' Donuts
DONUTS & COFFEE
自行
行人道

我坐在咖啡店的老位子上，
呆呆地望着窗外，
雨还没有停，
不知道哪里来的这么多雨！

缘分这个东西，真的是上天注定的吧！
不会一直如此，也不会轻易消散。
遥远的将来，随着时间流逝，回忆会变得模糊，记忆会越来越淡，然而像今天这样的下雨天里，我还是希望它能在我心里停留，哪怕就一会儿。

慢慢地，我追寻着有你的记忆，
不知不觉，窗外跳动的雨水，
连同你残留的痕迹一起，
浸入了我的灵魂深处。

很奇怪，
不知从什么时候开始，我爱上了下雨天。
我多希望，今天的雨可以不要停。
还有，谢谢你，
你在我身边时，我是那么温暖。

下午11:58
57%
初恋
来电
拒绝
发信息
滑动接听

失去的，还能挽回吗

一天深夜，

我接到了那个日思夜想的人的电话。

看到来电显示的瞬间，

我的心怦怦跳，整个人都开始变得恍惚。

那一刻的情绪，

是五味杂陈，还是激动难耐？

我拿着电话，呆呆地看了好一阵子。

电话挂断了。
我怔怔地看着未接来电的标识，
不知所措。

我不停地拿起电话又放下，
接着开始心慌意乱。
对你的思念一下子涌了上来。
那些曾经的过往啊，令我难以割舍。

尽管岁月流逝，
但当我们回想过去，
那时的人，那时的场景，
我们很快就想起来了，比预想的要快很多。

CAFE

我喜欢夜晚的其中一个理由，
也许是因为那些悄然涌现出来的、
旧时的记忆。

我静静地呼吸着夜晚的空气，任思绪飞扬。
很多回忆变成了一颗颗星星，住进了我的心里。
我喜欢的那些记忆在哪里呢？
我数了数心中的星星。

人们总说，时间长了，就好了，
然而我还没有“好”。
总有一天，我也会慢慢看淡吧？

人生，
有太多的无法挽回，
我们却总在极力挽回。

你好?

你好!

再见……

即使我在你心中的痕迹一点一点地淡去,

我仍希望,你的内心能再次迎来春天。

凌晨两点,

我独自一人……

与时间赛跑

时光飞逝，日月如梭，

我常常想，

要是有发条可以让时间偶尔倒流一下就好了。

Kouter
Boulangerie
MYCOFF
EECALR
OMANCE
Kouter
Boulang…

Kouter
Boulangerie

如果像穿越剧那样，

每个人都有一次能回到过去的机会，

该有多好！

那样一来，很多事也许会变得更好。

然而，时间不会倒流，

它只会不停地，向前进。

所以，我们才更心痛。
我们告别无数的时间，让自己成长。
也许以后我们会遇到其他人，与别人相爱，
但每次想起我们初次相识的地方，
我就会想起那个秋天，那个被风霜晕染的独特秋天。

伴着凉爽的风，
记忆的碎片，
紧紧地抓住我，
萦绕心间。

我要与时间赛跑，
直到我再也跑不动，
那时，请你在那儿等我！

BOULANGERIE PATISSERIE GRAND PARIS
LE GOURMET DE
GRAND PARIS!
BAKERY BOUTIQUE

后记：守望幸福

其实并没有多少人，
能把今天过得特别。
但是，如果重新开始审视那些容易被我们忽视的日常小事，

就会发现，
不经意间，
我们有了，
很特别的幸福。

PUREU
YOON
JAZ
NIGH
DUT
COFF

不用上班的星期六，格外香甜的懒觉；
悠闲地走出家门，正好赶上到站的公交车；
工作日的午休时间，去了空无一人的咖啡店；
和喜欢的人在一起，共度午后时光；
下班路上，地铁里剩下的一个座位；
夜空中的星辰；
洗澡后，暖暖的被窝；
母亲做的一桌美味饭菜；
午夜十二点安静的小区里清新的空气；

还有，
深夜里，
等候你回家的一盏灯；
工作室里，一杯提神醒脑的冰咖啡！

也许，这些事都极其微小，

但正是这些琐碎、微小的瞬间，
汇聚成了精彩的每一天，
不是吗？

LUSH!
FRESH!
ROMA
FASHION
LINO
YOMI

有时，我们会觉得生活无聊，
会忍不住想：现在的我，是在充分享受生活吗?
我真的尽了最大的努力生活吗?

我们不知道漫长的人生通往何处，
而这趟旅程总有一天会抵达终点，
在到达终点之前，没人知道未来的走向，
也没人能为这趟遥远的路途做出指引。
所以，我们默默努力前行的，
这趟漫长旅途的结局，
究竟是 happy ending，还是 sad ending，
都是未知的。

但是，
那些在平凡日子里怀揣梦想，
想要赢得更精彩明天的所有生命，
都是年轻而美丽的。

而他们，
都会迎来 happy ending！